Lernzielkontrolle 1

W0369698

Wiederholung des Stoffs der 2. Klasse:
Kopfrechnen im Zahlenraum bis 100 (addieren und subtrahieren); Ketten- und Platzhalteraufgaben sowie Zahlenrätsel lösen

Zeit: ca. 35 Minuten

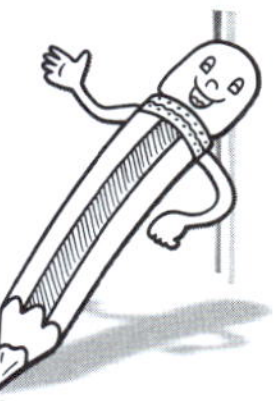

1 Rechne und fülle die Lücken aus. /9

25 + 43 = ________ 99 – 27 = ________ 35 + ________ = 53

61 – 46 = ________ ________ + 42 = 80 65 – 22 = ________

79 – ________ = 42 35 + 27 = ________ ________ – 62 = 13

2 Rechne. /4

31 + 26 + 13 = ________ 41 – 22 + 12 = ________

64 – 7 – 18 = ________ 56 + 15 – 28 = ________

3 Löse die Rechenmauer und das Zauberdreieck. /6

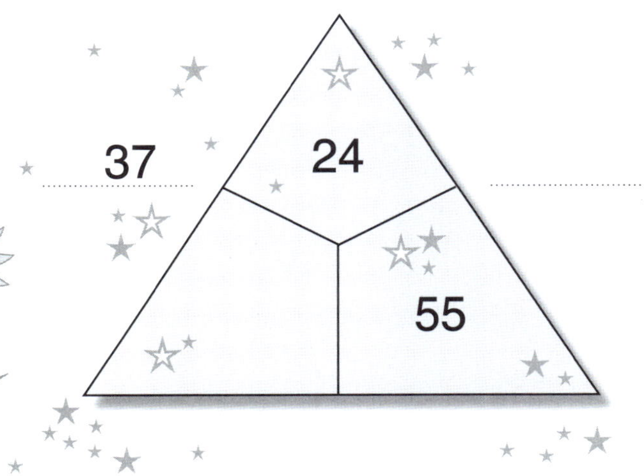

4 Löse folgende Zahlenrätsel.

a Meine Zahl ist um 18 kleiner als 57. /1

Rechnung: ________________________________

Meine Zahl heißt: ________

b Wenn du von meiner Zahl 67 abziehst, erhältst du 33. /1

Rechnung: ____

Meine Zahl heißt: __________

c Wenn ich zu meiner Zahl 34 dazuzähle und dann 5 abziehe, erhalte ich 45. /2

Rechnung: ____

Meine Zahl heißt: __________

Notenschlüssel:

1	2	3	4	5	6
23–21	20,5–18	17,5–13,5	13–9	8,5–6	5,5–0

Ich habe ________ Minuten gebraucht.

Ich habe ________ Punkte erreicht.

Note: ________

Lernzielkontrolle 2

Zahlen und Operationen (bis 200): Kopfrechnen; Punkt vor Strich beachten; Platzhalteraufgaben, Sachaufgaben und Zahlenrätsel lösen; Streifenmodell als Lösungshilfe anwenden; Zahlenknobeleien vervollständigen

Zeit: ca. 45 Minuten

1 Rechne. /6

183 + 15 = ______ 64 + 27 = ______ 72 – ______ = 29

29 + 36 = ______ 136 – 16 = ______ ______ + 33 = 181

172 – 54 = ______ 53 + ______ = 64 ______ – 64 = 16

86 – 68 = ______ 105 – ______ = 98 19 + ______ = 56

2 Rechne und fülle die Lücken. /4

______ · 8 = 48 5 · ______ = 45 7 · 4 + 9 = ______

9 · 2 = ______ 28 : ______ = 7 40 : 8 + ______ = 71

______ : 4 = 6 72 : 8 = ______

3 Der erste Rechenturm ist vorgegeben.
Rechne genauso und fülle die restlichen Rechentürme aus. /6

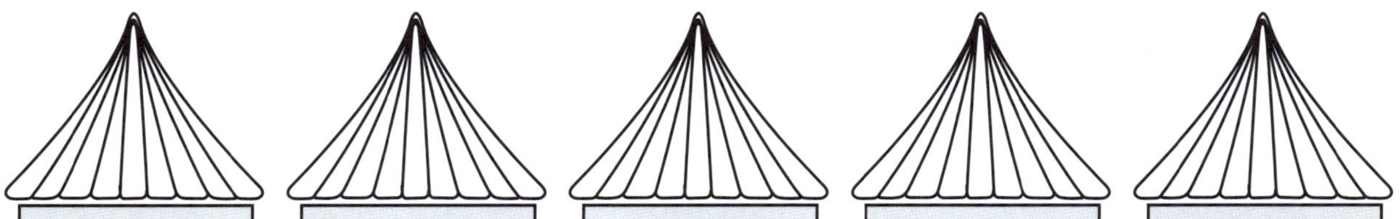

78			60	
48			34	25
30				25
18	8	10		
12	6	4		

4 Löse folgende Zahlenrätsel.

a Wenn du zu meiner Zahl 34 dazuzählst, erhältst du 101.
Wie heißt meine Zahl? /2

Rechnung: ______________________________

Antwort: ______________________________

b Wenn ich von meiner Zahl 37 abziehe, erhalte ich 59. Wie heißt meine Zahl?
Nutze für deine Rechnung die angegebene Lösungshilfe. /3

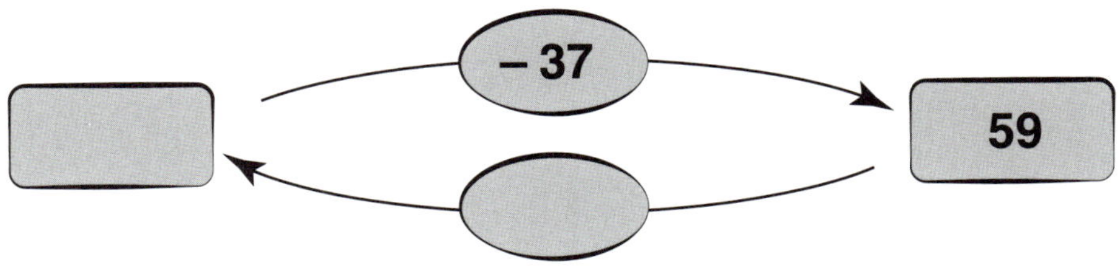

Antwort: ______________________________

5 Löse folgende Sachaufgaben.

a In der Klasse 3 a und 3 b sind zusammen 53 Kinder.
26 Kinder davon gehen in die Klasse 3 a. /4

Frage: ______________________________

Rechnung:

Antwort: ______________________________

b Leon sägt von einem 1 m langen Stab 42 cm ab.
Julia sägt noch einmal 34 cm ab.
Nutze zur Lösung auch das Streifenmodell. /5

Frage: ______________________________

Streifen-modell:

Rechnung:

Antwort: ______________________________

c Franz lädt seine zwei Freunde ins Puppentheater ein. Eine Eintrittskarte kostet 4 €, außerdem bekommt jeder eine Tüte Popcorn für 2 €. Die Mutter hat Franz einen 20-€-Schein gegeben. Den Rest darf Franz in seine Spardose werfen. /6

Frage: ______________________________

____

Rechnung:

Antwort: ______________________________

____

Notenschlüssel:

1	2	3	4	5	6
36–33	32,5–28	27,5–21	20,5–14,5	14–9	8,5–0

Ich habe ________ Minuten gebraucht.

Ich habe ________ Punkte erreicht.

Note: ________

Lernzielkontrolle 3

Zahlen und Operationen (bis 1000):
Einmaleins- und Umkehraufgaben lösen; Punkt vor Strich beachten; teilen mit Rest; Teiler einer Zahl erkennen; Zahlenrätsel lösen

Zeit: max. 35 Minuten

1 Fülle die Tabellen aus. /16

·	6	7	3	9
5				
10				
8				
4				

·		6	9	
7	56			
4				
		30		
8				32

2 Welche Zahlen haben den Teiler 4?
Kreise sie ein. /3

14 16 24 30 34 36 38

3 Teile mit Rest. /3

20 : 6 = ____ 35 : 8 = ____ 80 : 9 = ____

17 : 5 = ____ 27 : 4 = ____ 47 : 7 = ____

4 Rechne aus. /3

2 · 8 + 25 = ____ 4 · 7 + 37 = ____ 8 · 6 – 4 = ____

7 · 8 + 2 = ____ 3 · 3 – 9 = ____ 7 · 8 – 37 = ____

5 Wie heißt meine Zahl?

a Das Vierfache meiner Zahl ist 32. /1

Rechnung: ____

Meine Zahl heißt: __________

b Wenn ich meine Zahl mit 9 malnehme, erhalte ich 63. /1

Rechnung: ____

Meine Zahl heißt: __________

c Wenn du von meiner Zahl den 5. Teil von 30 abziehst, erhältst du 94. /2

Rechnung: ____

Meine Zahl heißt: __________

Notenschlüssel:

1	2	3	4	5	6
29–27	26–22	21–17	16–12	11–5	4–0

Ich habe __________ Minuten gebraucht.

Ich habe __________ Punkte erreicht.

Note: __________

Lernzielkontrolle 4

Raum und Form/Geometrie: *(Bitte Zahnstocher und Knetgummi bereitlegen!)*
Eigenschaften von Körpern beurteilen; Körperformen erkennen; Würfel bauen; Würfel-Kantenmodell bearbeiten; Würfelnetze bearbeiten, ergänzen und zeichnen

Zeit: ca. 45 Minuten

1 Welche Körperformen haben diese Gegenstände? /4

______________ ______________ ______________ ______________

2 Entscheide, ob die folgenden Aussagen wahr (w) oder falsch (f) sind. /7

Kreuze an.

Aussage	w	f
Ein Würfel hat 10 Ecken.	☐	☐
Eine Kugel hat keine Kanten und keine Ecken.	☐	☐
Ein Würfel hat 8 Flächen.	☐	☐
Ein Kegel hat eine Kante.	☐	☐
Ein Quader hat 8 Ecken und 16 Kanten.	☐	☐
Ein Würfel hat 12 Kanten und 8 Ecken.	☐	☐
Eine Pyramide hat 5 Ecken.	☐	☐
Ein Kegel hat keine Ecken.	☐	☐
Ein Zylinder hat keine Kanten.	☐	☐
Ein Zylinder wird nur aus zwei Kreisen gebildet.	☐	☐
Eine Pyramide wird aus vier Dreiecken gebildet.	☐	☐

Aussage	w	f
Ein Quadrat hat genau zwei rechte Winkel.	☐	☐
Ein Rechteck hat vier rechte Winkel.	☐	☐
Ein Kreis hat keinen rechten Winkel.	☐	☐

3 Begründe jeweils, warum du mit dem Baukasten **kein** Kantenmodell eines Würfels bauen kannst. (= Kante, = Ecke) /3

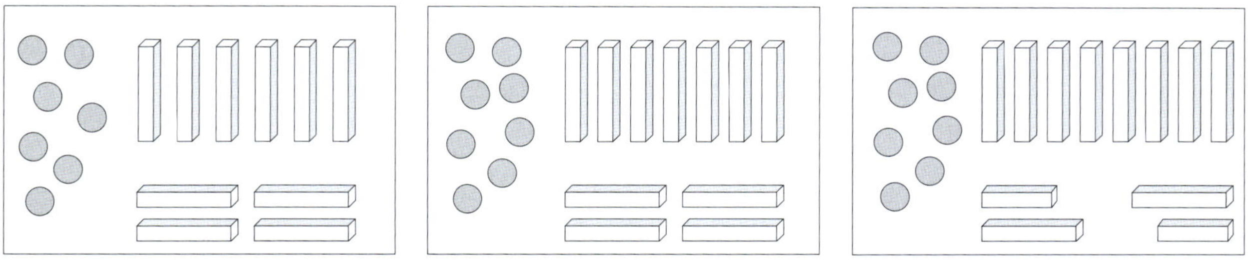

________________ ________________ ________________

________________ ________________ ________________

________________ ________________ ________________

4 Baue nun selbst einen Würfel. /3
Nutze Zahnstocher für die Kanten und Kugeln aus Knete für die Ecken.
Überlege genau, wie viele Zahnstocher (Kanten) und Kugeln (Ecken) du brauchst.

Ich brauche ______ Zahnstocher und ______ Knetkugeln.

5 Male gegenüberliegende Flächen der Würfelnetze mit gleicher Farbe an. /3

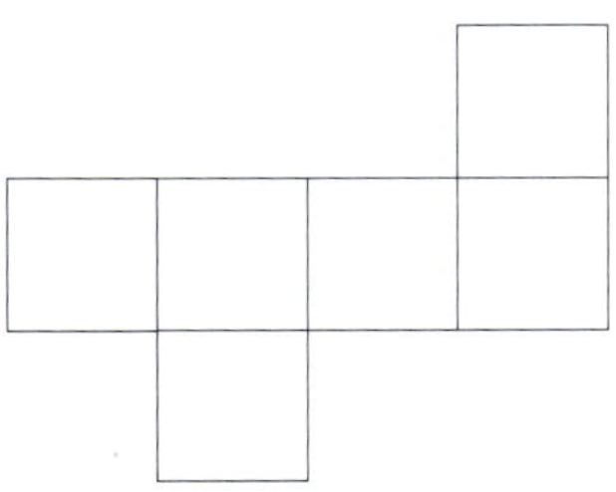

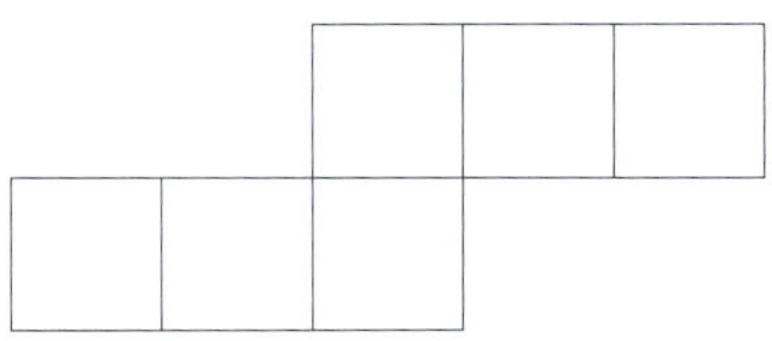

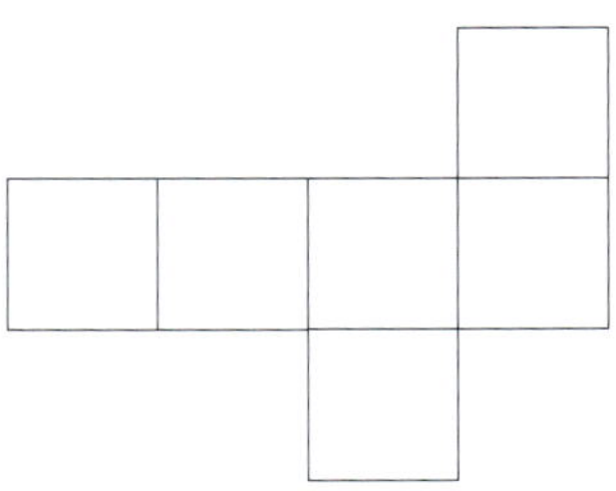

6 Falte in Gedanken einen Würfel: Die graue Fläche liegt unten (u).
Welche Flächen sind oben (o), rechts (r), links (l), vorne (v), hinten (h)? Trage ein. /3

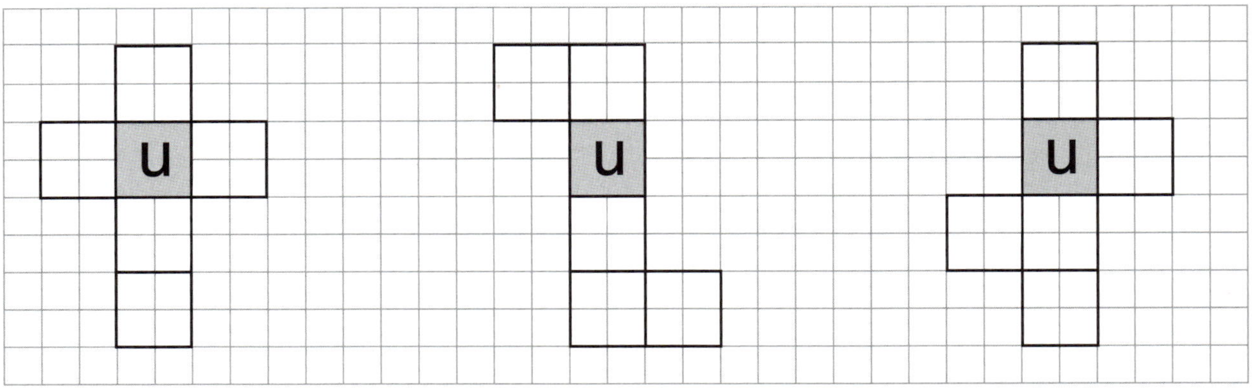

7 Zeichne zu diesem Würfel das Würfelnetz auf einen Block.
Schneide das Würfelnetz aus und klebe es unten in den Kasten.

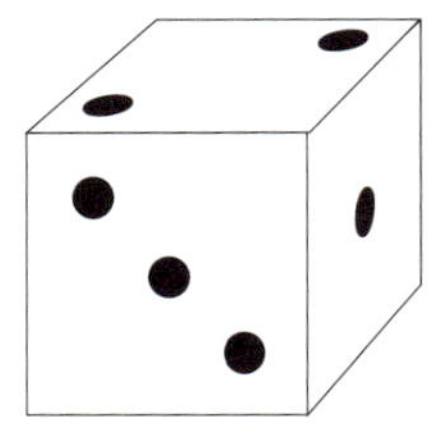

Klebe hier dein Würfelnetz auf: /4

8 Ergänze jede Figur so, dass ein Würfelnetz entsteht. /3

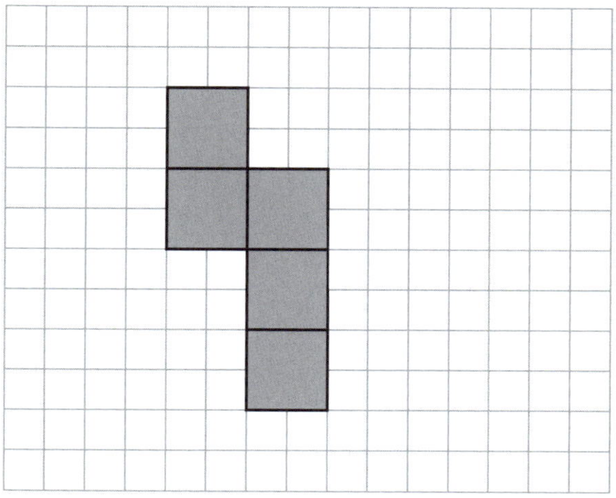

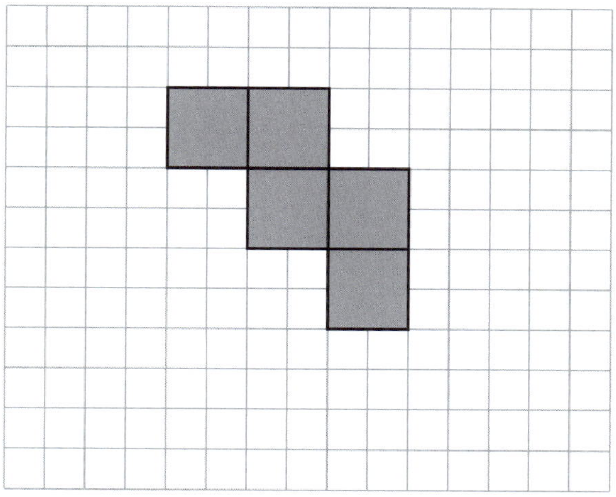

9 Die Maus möchte den Käse fressen.
Gib zwei Wege an, auf denen die Maus in keine Mausefalle ⬡ gerät. /2

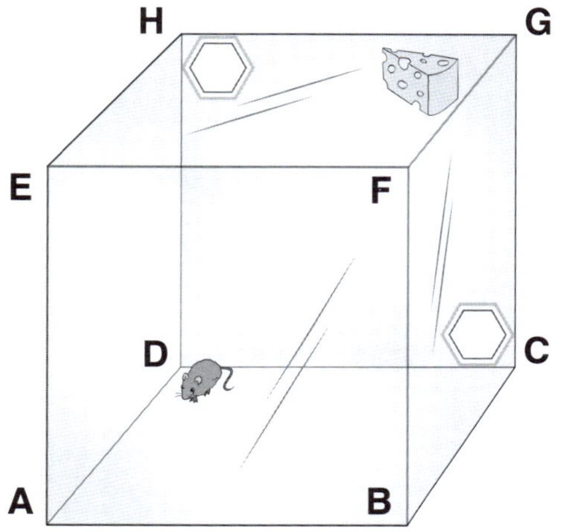

1. Weg: ______________________________

2. Weg: ______________________________

Notenschlüssel:

1	2	3	4	5	6
32–30	29–25	24–20	19–15	14–8	7–0

Ich habe ________ Minuten gebraucht.

Ich habe ________ Punkte erreicht.

Note: ________

Lernzielkontrolle 5

Zahlen und Operationen: am Zahlenstrahl orientieren; Nachbarzahlen bestimmen; addieren und subtrahieren; symbolisch dargestellte Zahlen erkennen; **Größen und Messen:** Gewichte ergänzen, umwandeln und zuordnen; Sachaufgaben mit Gewichten und Geld lösen

Zeit: 50–55 Minuten

1 Geheimschrift! Welche Zahlen sind dargestellt? /2

 → ____________________

 → ____________________

2 Wie heißen die Zahlen? Trage ein.

a /2

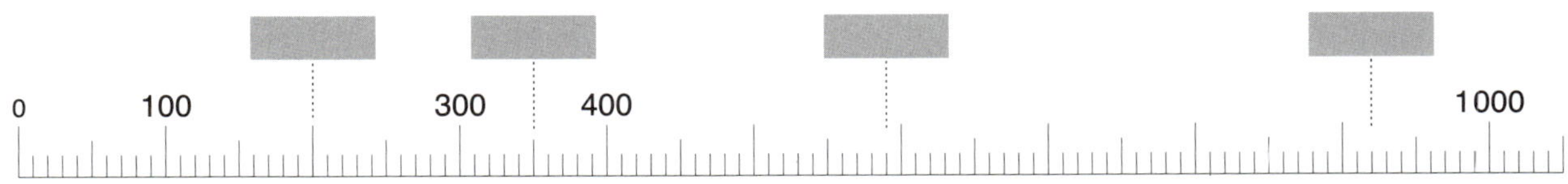

b /2

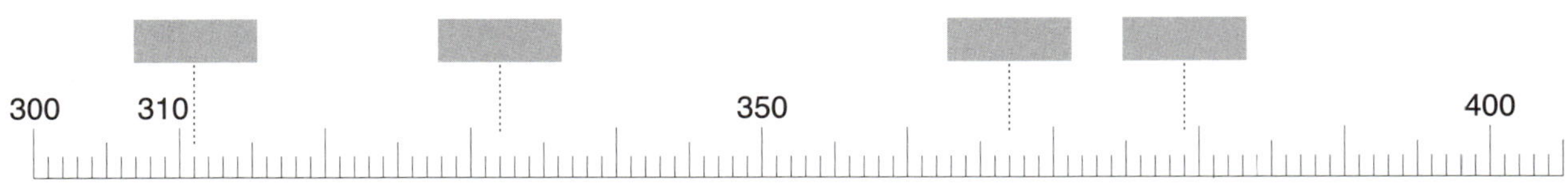

3 Ordne die Zahlen nach ihrer Größe. Beginne mit der größten Zahl. /1

720	998	758	287	249	278	728	282

____

4 Ergänze die Zahlenfolgen. /3

710	660						

302	315						

						765	778

5 Ergänze die Tabelle. /3

Nachbar-hunderter	Nachbar-zehner	Nachbar-einer	**Zahl**	Nachbar-einer	Nachbar-zehner	Nachbar-hunderter
			537			
			900			
				290		

6 Rechne und schreibe hinter jedes Ergebnis die Quersumme. /6

297 + 6 = ______ (___)　　405 − 8 = ______ (___)

370 + 320 = ______ (___)　　960 − 550 = ______ (___)

600 + 271 = ______ (___)　　700 − 588 = ______ (___)

Tipp! Eine Quersumme erhältst du, wenn du alle Ziffern einer Zahl addierst (+).

7 Zwei Gewichte ergeben immer 1 kg. Setze richtig zusammen. /6

250 g　128 g　175 g　872 g　75 g

~~620 g~~　925 g　750 g　615 g　~~380 g~~

525 g　475 g　825 g　385 g

380 g + 620 g = 1 kg

____

8 Wandle um …

a … in kg und g. /2

3438 g = ____ kg ______ g

3004 g = ____ kg ______ g

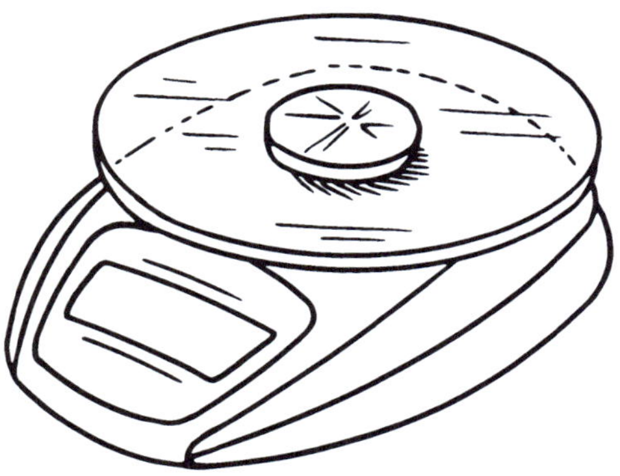

b … in g. /1

1 kg 203 g = ______ g

5 kg 10 g = ______ g

9 Schau dir die Bilder genau an und fülle die Lücken aus. /3

Gewicht: ______ kg	Gewicht: ______ g	Gewicht: ______ kg
Preis: ______ €	Preis: ______ €	Preis: ______ €

10 Löse folgende Sachaufgaben.
Betrachte dazu noch einmal die große Abbildung auf Seite 14.

a Marie kauft 500 g Paprika, 200 g Tomaten und 1 kg Kartoffeln.
Sie bezahlt mit einem 10-€-Schein. /3

Frage: ______________________________

Rechnung:

Antwort: ______________________________

b Lukas kauft 500 g Paprika, 250 g Champignons, 200 g Tomaten, 1 kg Kartoffeln und 1 kg Karotten. Seinen Einkaufskorb darf er nur mit 3 kg beladen. /5

Frage: ______________________________

____

Rechnung:

Antwort: ______________________________

____

Notenschlüssel:

1	2	3	4	5	6
39–36	35–30	29–24	23–18	17–9	8–0

Ich habe __________ Minuten gebraucht.

Ich habe __________ Punkte erreicht.

Note: __________

Lernzielkontrolle 6

Zahlen und Operationen: Platzhalteraufgaben und Zahlenrätsel lösen; schriftlich addieren;
Größen und Messen: Bild- und Sachaufgaben mit Längen und Geld lösen;
Längen umwandeln

Zeit: 50–55 Minuten

1 Addiere. /4

	3	8	2
+	4	6	5

	4	0	6
+	2	9	6

	6	3	8
+	2	8	7

	3	8	8
+	4	9	7

2 Nun addiere jeweils drei Zahlen. /4

	5	6	7
	2	8	8
+		9	0

	6	6	7
	1	8	3
+		8	0

	2	5	6
	2	0	6
+	1	8	4

	3	3	5
	2	9	8
+	2	7	6

3 Ergänze die Lücken. /4,5

	□	6	□
+	3	□	9
	7	9	3

	2	1	□
+	□	□	5
	4	1	3

	□	4	9
+	3	□	□
	8	5	2

4 Ergänze die Zahlenmauer. /3

	□	
□		□
182	264	112

5 Schreibe untereinander und rechne schriftlich. /2

83 + 623

285 + 7 + 81

6 Zahlenrätsel:
Zähle zu 197 das Doppelte von 214 dazu, dann erhältst du die gesuchte Zahl. /2

Rechnung:

Antwort: ____________________

7 Welche der drei Geschichten passt zu welcher Zeichnung?
Verbinde. /3

Christina ist 1,27 m groß. Sie ist 34 cm größer als ihr Bruder Max.

Tatjana und ihre Puppe sind zusammen so groß wie Mama. Tatjana ist 1,28 m, die Puppe ist 44 cm groß.

Tina und ihre Schwester sind zusammen so groß wie ihr Vater. Tina ist 1,10 m und ihr Vater ist 1,87 m groß.

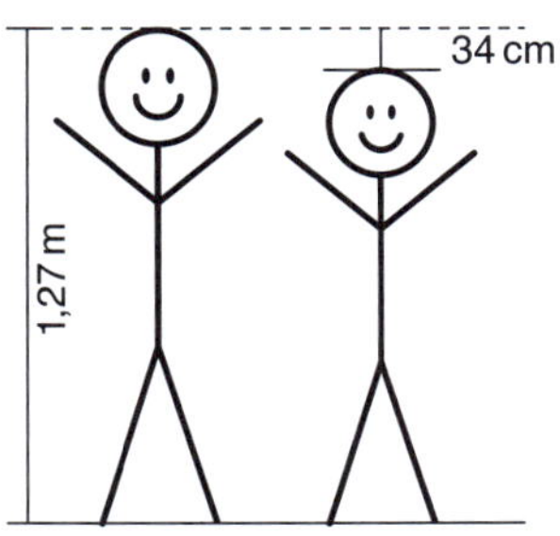

8 Ergänze die Tabelle. /4

cm	m und cm	mit Komma
809 cm		
148 cm		
	3 m 78 cm	
		0,73 m

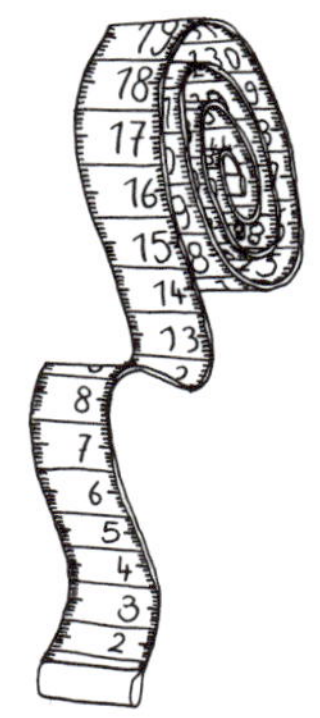

9 Wie viele Millimeter sind es? /3

6 cm = ________ mm   7 cm = ________ mm   9 cm = ________ mm

15 cm = ________ mm   24 cm = ________ mm   40 cm = ________ mm

10 Welche Längenmaße passen? /2

a Papa fährt zur Arbeit 23 ________.

b Jens geht 800 ________ zur Schule.

c Tina ist 145 ________ groß.

d Eine Fliege ist 17 ________ lang.

11 Sieh dir das Schaubild genau an und beantworte folgende Fragen.

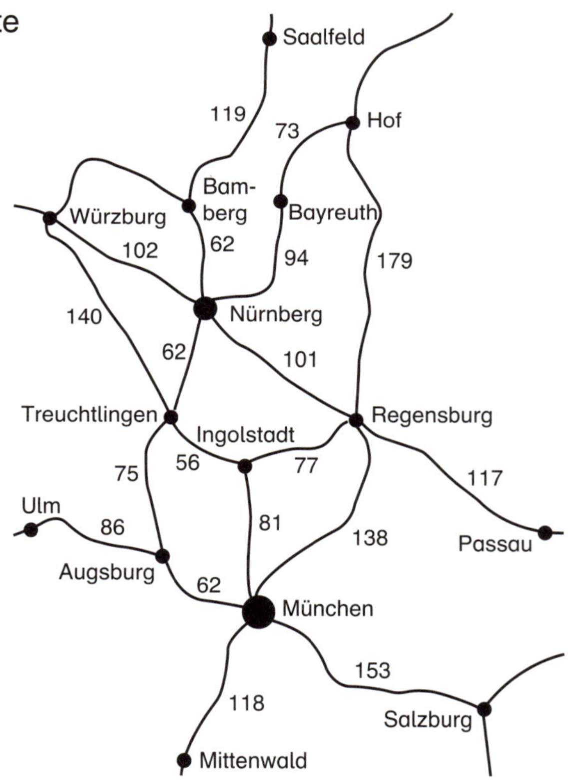

a Wie weit ist es von München über Ingolstadt nach Treuchtlingen?

Rechnung:

Antwort: Es sind ____________ km. /1,5

b Wie weit ist es von Mittenwald über München und Augsburg nach Ulm?

Rechnung:

Antwort: Es sind ____________ km. /1,5

c Welcher Weg ist der kürzeste zwischen Augsburg und Regensburg, der nicht über Ingolstadt führt? Zeichne die Strecke grün nach. /1,5

12 Der Lokführer Herr Wagner fährt von Ingolstadt über Treuchtlingen nach Würzburg und über Nürnberg und Regensburg zurück nach Ingolstadt. (Betrachte dafür noch einmal das Schaubild auf Seite 18.)
Bei der Abfahrt zeigt der Kilometerzähler 000248.

a Was zeigt der Kilometerzähler in Würzburg? /3

Rechnung:

Antwort: ______________________________

b Was zeigt der Kilometerzähler bei der Ankunft in Ingolstadt? /3

Rechnung:

Antwort: ______________________________

13 Britta und ihre Freundin Maria fahren mit dem Zug von Ingolstadt nach München. Die Hinfahrt kostet pro Person 12,60 €, die Rückfahrt kostet für beide zusammen 23,50 €. /4

Frage: ______________________________

Rechnung:

Antwort: ______________________________

Notenschlüssel:

1	2	3	4	5	6
46–43	42,5–36	35,5–28	27,5–19,5	19–10	9,5–0

Ich habe __________ Minuten gebraucht.

Ich habe __________ Punkte erreicht.

Note: __________

Lernzielkontrolle 7

Zahlen und Operationen: Platzhalteraufgaben lösen; schriftlich subtrahieren; Überschlag berechnen
Daten und Häufigkeit: Diagramm auswerten und ergänzen

Zeit: 45–50 Minuten

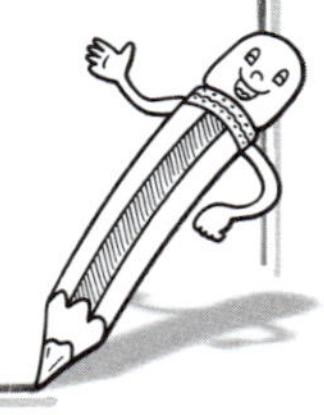

1 Subtrahiere. /4

	7	8	9
−	4	2	6

	9	8	2
−	6	1	4

	7	3	4
−	4	8	2

	8	2	6
−	4	6	7

2 Schreibe untereinander und rechne. /4

651 – 167   608 – 459   901 – 405   913 – 36

3 Ergänze die Lücken. /7

	6	4	
−	4		3
	2	3	5

	7	5	
−			7
	6	2	7

		2	5
−	2		
	5	4	2

	8		6
−		2	
	4	8	0

			5
−	1	9	
	2	1	9

4 Schreibe untereinander und rechne. /3

85,44 € – 32,46 €   123,24 € – 5,87 €

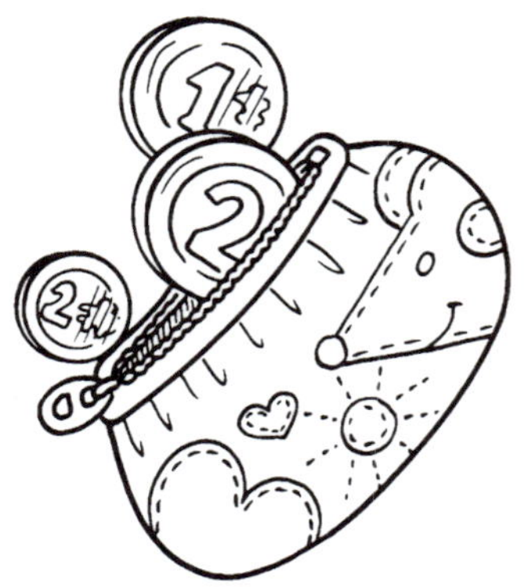

5 Du hast sechs verschiedene Ziffernkärtchen. Bilde mit ihnen zwei dreistellige Zahlen und ziehe sie voneinander ab. Das Ergebnis soll zwischen 200 und 300 liegen. Schreibe **drei** passende Aufgaben auf. /3

2 3 4 6 7 8

6 Tobias hat von seinem Opa 4 € bekommen.
Er kauft sich eine Packung Kekse für 2,28 €. /3

Frage: ______________________________

Rechnung:

Antwort: ______________________________

7 Bei einer Umfrage an einer Münchner Grundschule mit 360 Schülern über die Lieblingsbeschäftigung in der Freizeit entstand folgendes Schaubild:

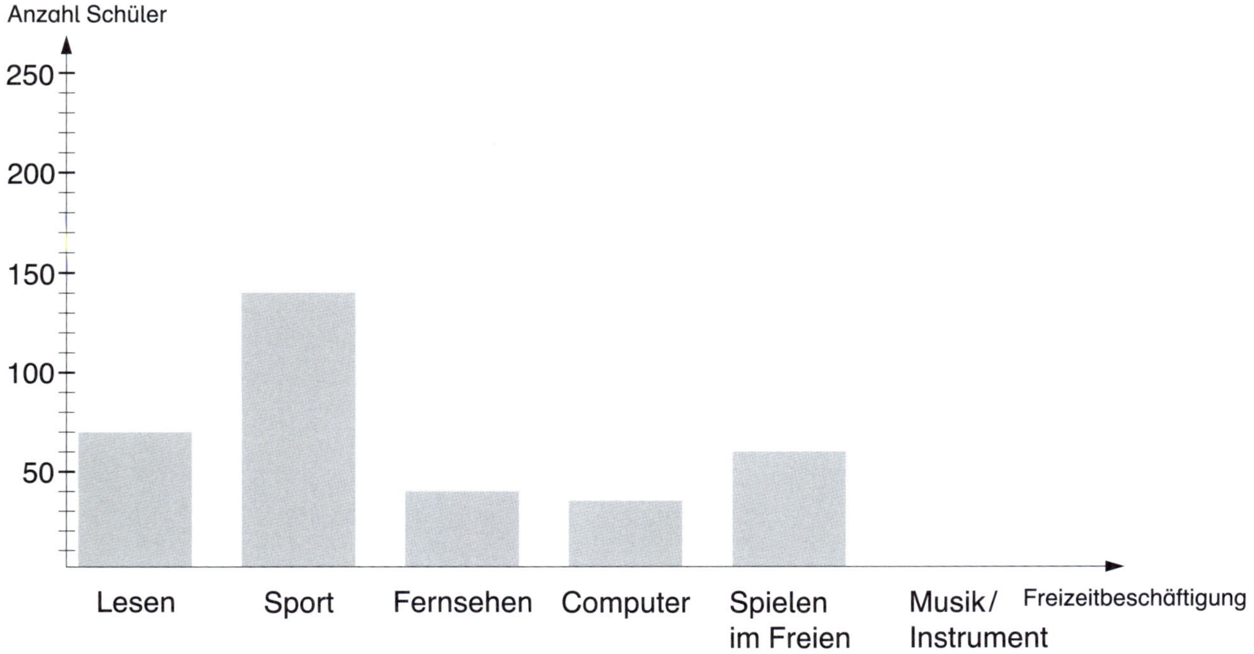

a Wie viele Schüler haben die einzelnen Freizeitbeschäftigungen angegeben?
Trage richtig in die Tabelle ein. /5

Freizeit-beschäftigung	**Lesen**	**Sport**	**Fernsehen**	**Computer**	**Spielen im Freien**
Schüleranzahl	______	______	______	______	______

b Stimmt das?
Kreuze die richtige Antwort an. /4

Aussage	**richtig**	**falsch**
Es gibt mehr Schüler, die lesen, als Schüler, die fernsehen.	☐	☐
Es gibt weniger Kinder, die sich in ihrer Freizeit bewegen (Sport und Spielen), als Kinder, die lesen, fernsehen oder Computer spielen.	☐	☐
Die Zahl der Schüler, die Computer spielen, ist genau halb so groß wie die Zahl der Schüler, die lesen.	☐	☐
Weniger als die Hälfte aller Schüler gibt Sport als Freizeitbeschäftigung an.	☐	☐

c Weiterhin haben 15 Schüler das Spielen eines Instruments bzw. Musik als Freizeitbeschäftigung angegeben.
Zeichne dazu den Balken richtig und ordentlich in das Diagramm ein. /2

Notenschlüssel:

1	2	3	4	5	6
35–33	32–28	27–22	21–16	15–8	7–0

Ich habe ________ Minuten gebraucht.

Ich habe ________ Punkte erreicht.

Note: ________

Lernzielkontrolle 8

Raum und Form/Geometrie: Achsensymmetrie erkennen und erklären; Fehler in einem Spiegelbild finden; Figuren zeichnen und spiegeln; Symmetrieachsen einzeichnen und erkennen; symmetrische Figuren ergänzen

Zeit: ca. 45 Minuten

1 Wann ist eine Figur symmetrisch? /2

____

____

2 Welche Figur besitzt keine Symmetrieachse? Kreuze an. /1

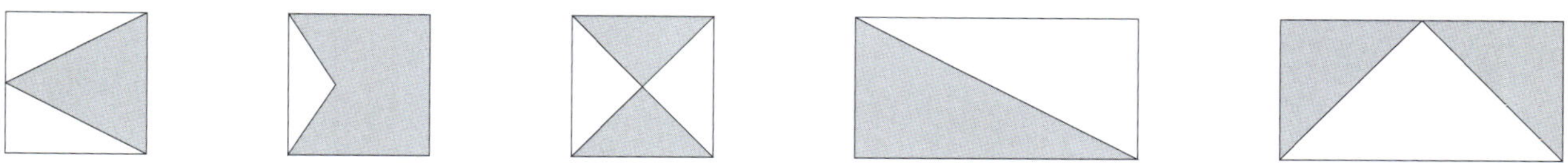

☐ ☐ ☐ ☐ ☐

3 Haben diese Wörter eine Symmetrieachse? Zeichne sie ein. /4

OTTO   UHU   ANNA   EICHE

4 Erkennst du alle Symmetrieachsen? Zeichne sie ein. /7

5 Nicht alle Linien sind Symmetrieachsen. Zeichne die Symmetrieachsen grün nach. /5

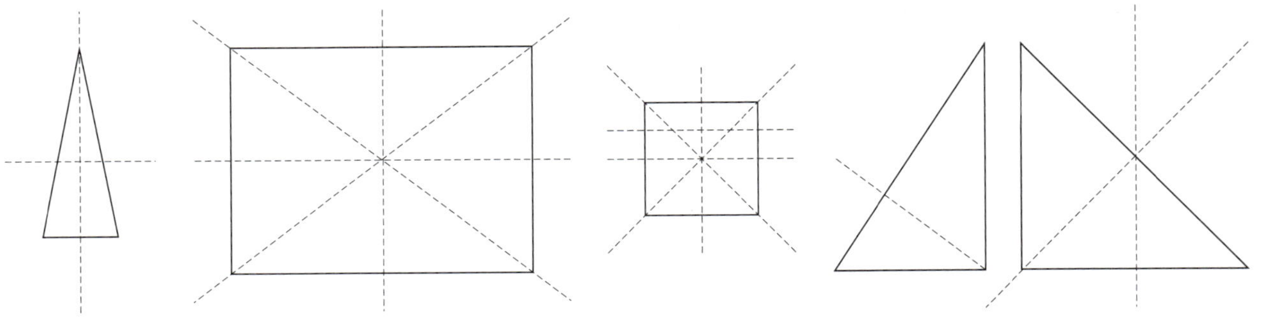

6 Ergänze zu symmetrischen Figuren.

a

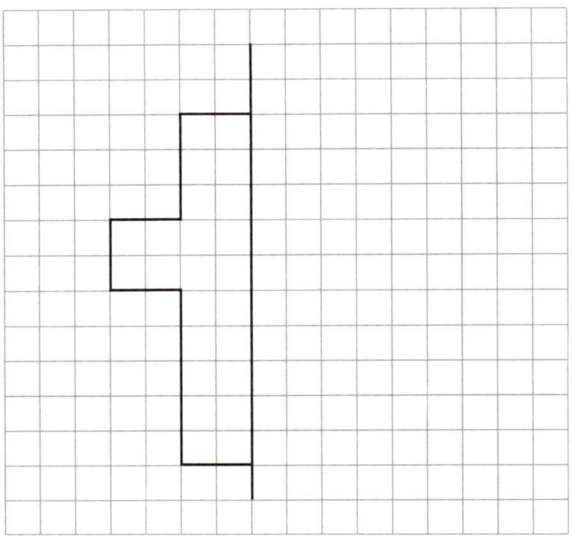

b /2

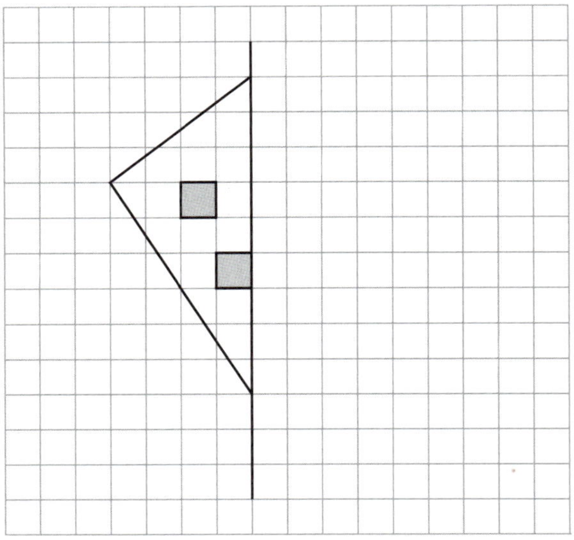

c

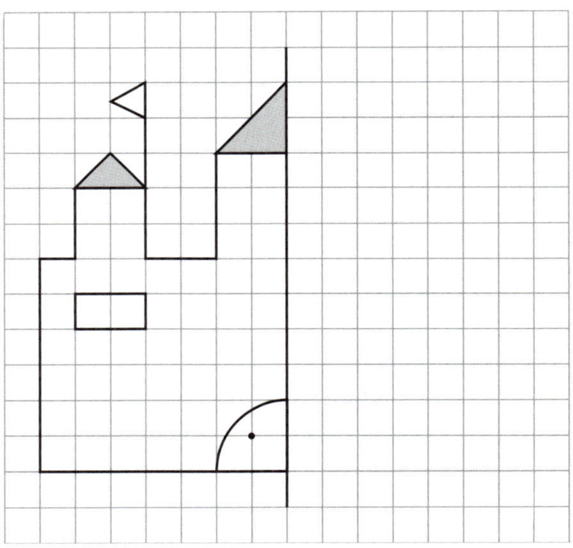

d /4

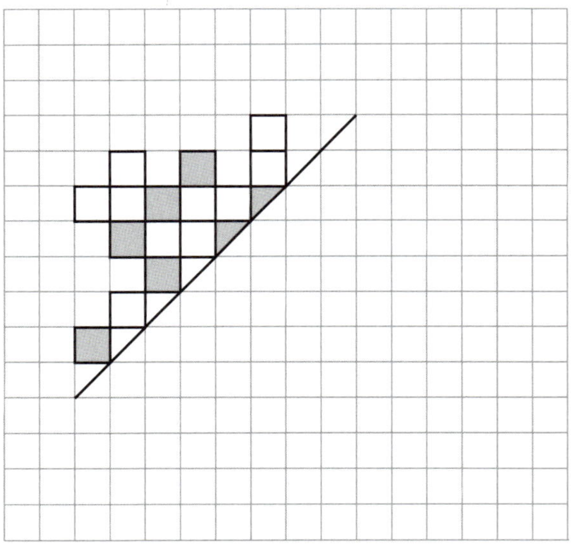

7 Zeichne …

a … ein Quadrat, dessen Seiten je 8 Kästchen lang sind.
Zeichne mit Grün alle Symmetrieachsen ein. /2

b … von links nach rechts eine Linie, die 10 Kästchen lang ist. Zeichne vom Ende der Linie 6 Kästchen nach unten und dann 10 Kästchen nach links. Zeichne nun eine Linie zurück zum Anfang. Zeichne in diese Figur mit Grün alle Symmetrieachsen ein. /2

c … eine Figur, die mindestens 5 Ecken hat. Zeichne drei Kästchen rechts daneben eine Spiegelachse von oben nach unten. Spiegle deine Figur an dieser Achse. /3

8 Findest du die 6 Fehler im Spiegelbild?
Kreise sie ein. /3

Notenschlüssel:

1	2	3	4	5	6
35–33	32–28	27–22	21–16	15–8	7–0

Ich habe _________ Minuten gebraucht.

Ich habe _________ Punkte erreicht.

Note: _________

Lernzielkontrolle 9

Zahlen und Operationen:
Einmaleins-, Umkehr- und Platzhalteraufgaben lösen; Punkt vor Strich beachten; Sachaufgaben mit Geld lösen; Tripels (Dreierketten) als Lösungshilfe anwenden

Zeit: 45–50 Minuten

1 Rechne. /4

·	90	40
5		
6		

·	8	6
70		
30		

2 Rechne und fülle die Lücken aus. /4

360 = ______ · 40
280 : 40 = ______
______ : 70 = 9

480 = 80 · ______
360 : ______ = 60
______ : 8 = 60

3 · ______ = 270
420 : 7 = ______

3 Setze die richtige Zahl ein. /4

6 · 50 – 40 = ______________
____

7 · 40 – 88 = ______________
____

370 = ______ · 50 + ______
____

400 = ______ · 70 + ______
____

4 Fülle die Preistabelle aus. Eine Waffel kostet 40 Cent. /4

Stück	Preis
4	
7	
	2,40 €
	3,20 €

5 Sabine kauft 8 Bleistifte zu je 40 Cent. Wie viel muss sie bezahlen?
Schreibe eine Dreierkette (ein Tripel).
Dann rechne und antworte. /3

Rechnung:

Antwort: ______________________________

6 Ursula kauft Karotten für 70 Cent pro kg. Sie bezahlt 2,10 €.
Finde die Rechenfrage. Schreibe eine Dreierkette (ein Tripel).
Dann rechne und antworte. /3,5

Frage: ______________________________

Rechnung:

Antwort: ______________________________

7 Martin möchte am Samstag grillen. Deshalb kauft er im Supermarkt Grillfleisch für 14,90 €, eine Packung Butter für 79 Cent, 3 Gurken zu je 60 Cent, 2 Packungen Tomaten zu je 1,49 € und 3 Stangen Baguette zu je 0,90 € ein.
Er zahlt mit einem 50-€-Schein. /5

Frage: ______________________________

Rechnung:

Antwort: ______________________________

8 Bei der Nachmittagsvorstellung nimmt der Zirkus 880 € ein. Es wurden insgesamt 160 Karten verkauft. Die Hälfte davon waren Kinderkarten, die je 4 € kosten. Der Rest der Karten wurde an Erwachsene verkauft. Wie viel kostet die Erwachsenenkarte? /4,5

Rechnung:

Antwort: ______________________________

Notenschlüssel:

1	2	3	4	5	6
32–30	29,5–25	24,5–20	19,5–14,5	14–8	7,5–0

Ich habe ________ Minuten gebraucht.

Ich habe ________ Punkte erreicht.

Note: ________

Lernzielkontrolle 10

Größen und Messen: Sachaufgaben mit Zeiten lösen; Zeiten ablesen, ergänzen, umwandeln und vergleichen; Zeitspannen bestimmen; **Häufigkeit und Wahrscheinlichkeit:** Kombinationsmöglichkeiten ermitteln; Würfelaufgaben lösen

Zeit: 45–50 Minuten

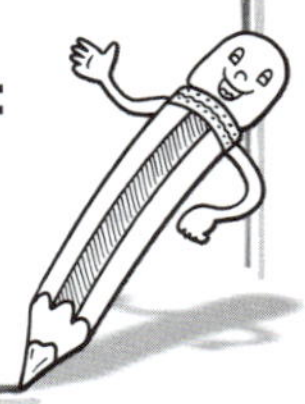

1 Wandle um. /4,5

75 s = _____ min _____ s   3 min = ______ s   75 min = _____ h _____ min

87 s = _____ min _____ s   1 min 40 s = ______ s $\frac{1}{2}$ h = _____ min

215 s = _____ min _____ s   2 min 10 s = ______ s   1 h 9 min = _____ min

2 Vergleiche und setze ein: >, < oder = /4

57 s ◯ 60 s   10 s ◯ 1 min   60 s ◯ 1 min   2 min 55 s ◯ 2 min 39 s

70 s ◯ 1 min   100 s ◯ 1 min   1 min ◯ 61 s   5 min ◯ 5 min 15 s

3 Wie viele Sekunden fehlen bis zur vollen Minute? /2

54 s + _____ s = 1 min   28 s + _____ s = 1 min

9 s + _____ s = 1 min   36 s + _____ s = 1 min

4 Wie viel Zeit ist vergangen? /2

a

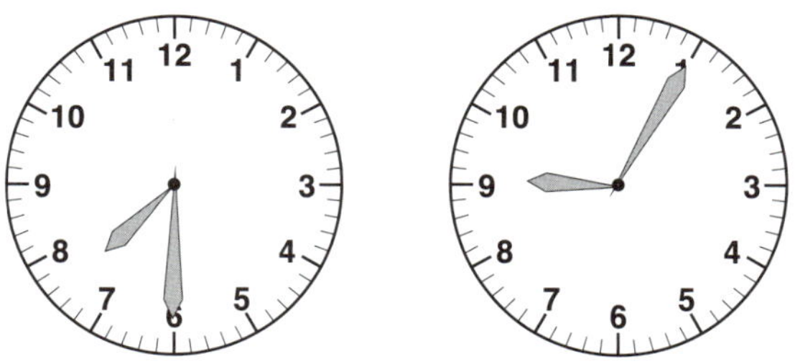

b

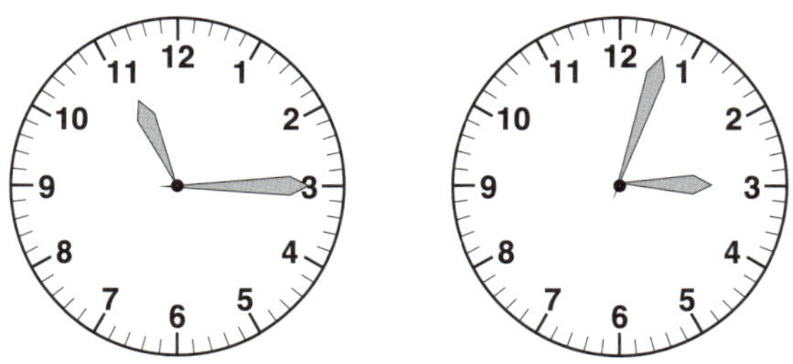

5 Frau Schmidt fliegt von München nach Florenz.
Der Abflug ist um 11.45 Uhr, die Ankunft um 13.20 Uhr.
Wie lang ist Frau Schmidt mit dem Flugzeug unterwegs? /3

11.45 Uhr ___ h → ___ Uhr ___ min → 13.20 Uhr

Antwort: ____________________

6 Tom sitzt 17 min lang vor dem Computer, dann sitzt seine Schwester 12 min davor.
Um 14.15 Uhr machen sie den Computer aus. /3

Frage: ____________________

Rechnung:

Antwort: ____________________

7 Julia steht vor ihrem Kleiderschrank. Sie überlegt, was sie heute anziehen soll.

Ein rotes oder gelbes T-Shirt?
Eine Jeans oder einen Rock?
Turnschuhe oder Stiefel?

Wie viele Möglichkeiten hat Julia, sich anzuziehen?
Male oder schreibe auf. /4,5

Julia hat ______ Möglichkeiten, sich anzuziehen.

8 Die drei Räuber Sebi, Sabi und Sobi wollen wieder einmal versuchen, einen Tresor zu knacken. Der Zahlencode vom Tresor hat 3 Ziffern, die von 1–3 eingestellt werden können. Die erste Ziffer ist die 3, jede Ziffer kann mehrmals vorkommen.

a Welche und wie viele Möglichkeiten müssen die drei Räuber maximal ausprobieren, um den richtigen Code zu finden? /5

Die Räuber müssen maximal ________ Möglichkeiten ausprobieren.

b Welche und wie viele Möglichkeiten gibt es, wenn die erste Ziffer eine 3 ist und nur ungerade Zahlen eingestellt werden können? /2,5

Dann gibt es ________ Möglichkeiten.

9 Tim und Max würfeln mit 2 Spielwürfeln. Max wettet mit seinem Freund Tim, dass er schneller die Augensumme 6 würfelt, als Tim die Augensumme 10. Sie würfeln die Spielwürfel nacheinander.

a Welche und wie viele Möglichkeiten gibt es für die beiden, entsprechende Augensummen zu würfeln? Schreibe sie auf. /4,5

b Wer wird die Wette wahrscheinlich gewinnen? Begründe. /2

____

____

____

Notenschlüssel:

1	2	3	4	5	6
37–35	34,5–29	28,5–23	22,5–17,5	16–8	7,5–0

Ich habe ________ Minuten gebraucht.

Ich habe ________ Punkte erreicht.

Note: ________

Lernzielkontrolle 1

1

25 + 43 = **68**
61 – 46 = **15**
79 – **37** = 42

99 – 27 = **72**
38 + 42 = 80
35 + 27 = **62**

35 + **18** = 53
65 – 22 = **43**
75 – 62 = 13

2

31 + 26 + 13 = **70**
64 – 7 – 18 = **39**

41 – 22 + 12 = **31**
56 + 15 – 28 = **43**

3

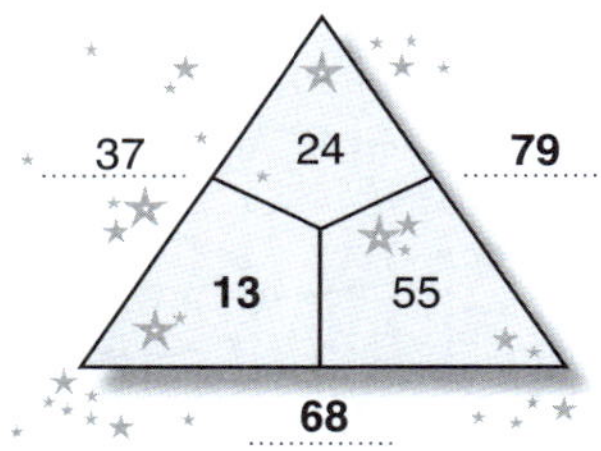

4

a Rechnung: **57 – 18 = 39**
Meine Zahl heißt: **39**

b Rechnung: **67 + 33 = 100**
Meine Zahl heißt: **100**

c Rechnung: **45 + 5 = 50** **50 – 34 = 16**
Meine Zahl heißt: **16**

Lernzielkontrolle 2

1

183 + 15 = **198**
29 + 36 = **65**
172 – 54 = **118**
86 – 68 = **18**

64 + 27 = **91**
136 – 16 = **120**
53 + **11** = 64
105 – **7** = 98

72 – **43** = 29
148 + 33 = 181
80 – 64 = 16
19 + **37** = 56

2

6 · 8 = 48
9 · 2 = **18**
24 : 4 = 6

5 · **9** = 45
28 : **4** = 7
72 : 8 = **9**

7 · 4 + 9 = **37**
40 : 8 + **66** = 71

3

78	**36**	**38**	60	**50**
48	**22**	**24**	34	25
30	**14**	**14**	**26**	25
18	8	10	**8**	**0**
12	6	4	**18**	**25**

4 a Rechnung: ____ **+ 34 = 101** **101 – 34 = 67**

Antwort: **Die gesuchte Zahl heißt 67.**

b

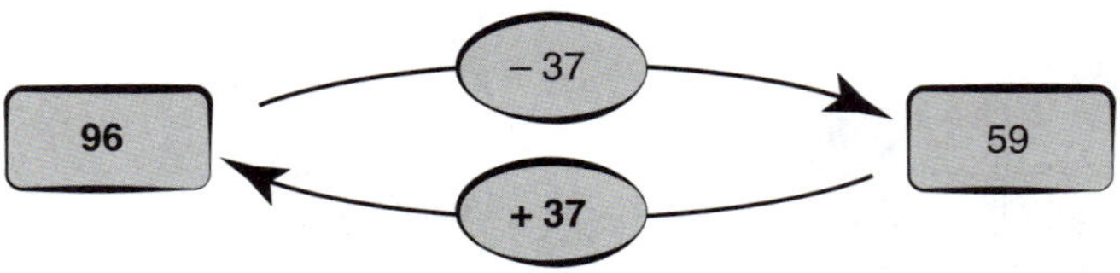

Antwort: **Meine Zahl heißt 96.**

5 a Frage: **Wie viele Kinder gehen in die Klasse 3b?**

Rechnung: **53 – 26 = 27**

Antwort: **27 Kinder gehen in die Klasse 3b.**

b Frage: **Wie viele cm bleiben übrig?**

Streifenmodell:

100 cm		
42 cm	**34 cm**	**?**

Rechnung: **100 cm – 42 cm – 34 cm = 24 cm**

Antwort: **Es bleiben 24 cm übrig.**

c Frage: **Wie viel Geld darf Franz in seine Spardose werfen?**

Rechnung: **3 · 4 € = 12 €** **3 · 2 € = 6 €** **20 € – 12 € – 6 € = 2 €**

Antwort: **Franz darf 2 € in seine Spardose werfen.**

Lernzielkontrolle 3

1

·	6	7	3	9
5	**30**	**35**	**15**	**45**
10	**60**	**70**	**30**	**90**
8	**48**	**56**	**24**	**72**
4	**24**	**28**	**12**	**36**

·	**8**	6	9	**4**
7	56	**42**	**63**	**28**
4	**32**	**24**	**36**	**16**
5	**40**	30	**45**	**20**
8	**64**	**48**	**72**	32

2 14 (**16**) (**24**) 30 34 (**36**) 38

3

20 : 6 = **3 R 2** 35 : 8 = **4 R 3** 80 : 9 = **8 R 8**
17 : 5 = **3 R 2** 27 : 4 = **6 R 3** 47 : 7 = **6 R 5**

4

2 · 8 + 25 = **41** 4 · 7 + 37 = **65** 8 · 6 − 4 = **44**
7 · 8 + 2 = **58** 3 · 3 − 9 = **0** 7 · 8 − 37 = **19**

5

a Rechnung: **32 : 4 = 8**
Meine Zahl heißt: **8**

b Rechnung: **63 : 9 = 7**
Meine Zahl heißt: **7**

c Rechnung: **30 : 5 = 6** **94 + 6 = 100**
Meine Zahl heißt: **100**

Lernzielkontrolle 4

1

Kegel

Kugel

Zylinder

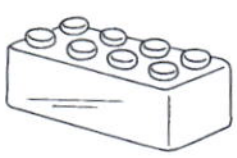

Quader

2

Aussage	w	f
Ein Würfel hat 10 Ecken.	☐	☒
Eine Kugel hat keine Kanten und keine Ecken.	☒	☐
Ein Würfel hat 8 Flächen.	☐	☒
Ein Kegel hat eine Kante.	☒	☐
Ein Quader hat 8 Ecken und 16 Kanten.	☐	☒
Ein Würfel hat 12 Kanten und 8 Ecken.	☒	☐
Eine Pyramide hat 5 Ecken.	☒	☐
Ein Kegel hat keine Ecken.	☐	☒
Ein Zylinder hat keine Kanten.	☐	☒
Ein Zylinder wird nur aus zwei Kreisen gebildet.	☐	☒
Eine Pyramide wird aus vier Dreiecken gebildet.	☐	☒
Ein Quadrat hat genau zwei rechte Winkel.	☐	☒
Ein Rechteck hat vier rechte Winkel.	☒	☐
Ein Kreis hat keinen rechten Winkel.	☒	☐

3

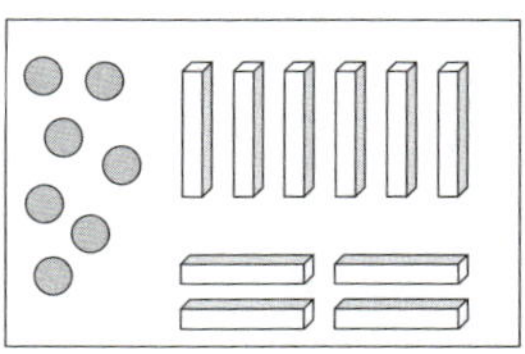

Es fehlen zwei Stäbe und eine Kugel.

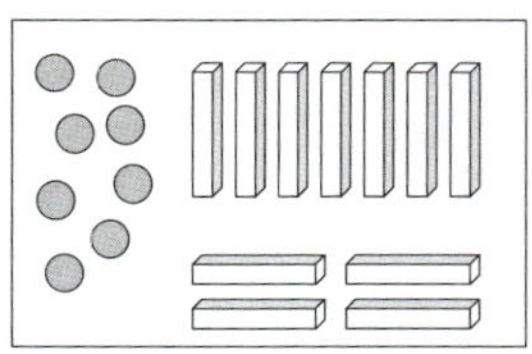

Es fehlt ein Stab.

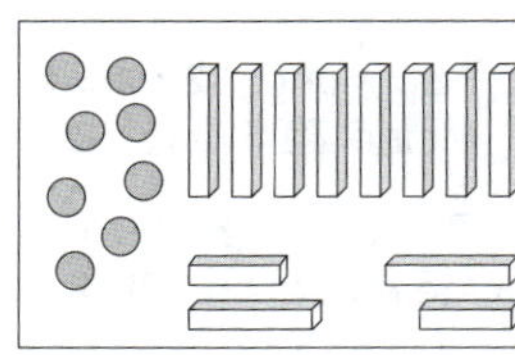

Die Stäbe sind nicht gleich lang.

4 Ich brauche **12** Zahnstocher und **8** Knetkugeln.

Material in der richtigen Anzahl ausgewählt (8 Kugeln, 12 Stäbe): 1 Punkt;
alle Ecken und Kanten zum Bauen eines Würfels benutzt: 1 Punkt;
Würfel richtig zusammengebaut (3 Kanten verlaufen immer in 1 Ecke): 1 Punkt.

5

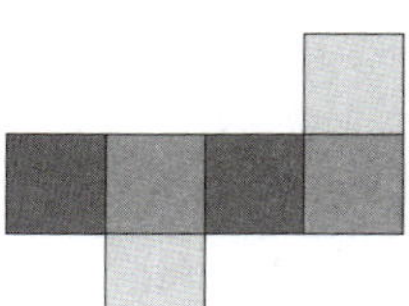

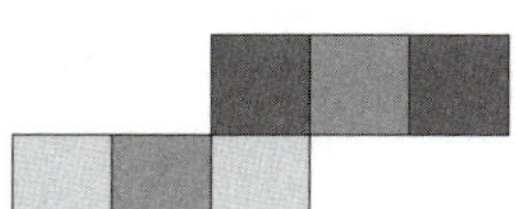

■ 4

6

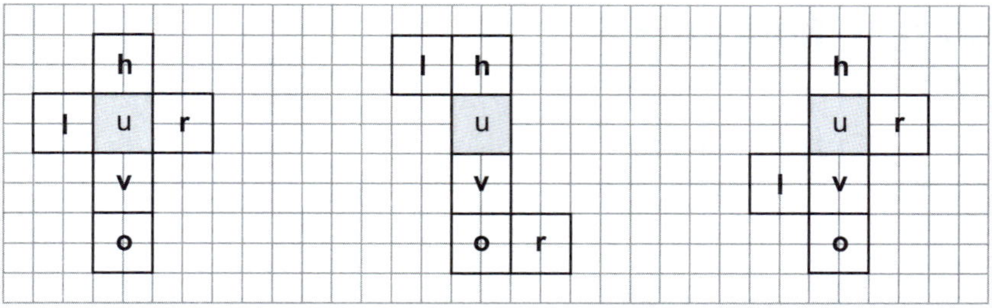

7 *Lösungsvorschlag:*

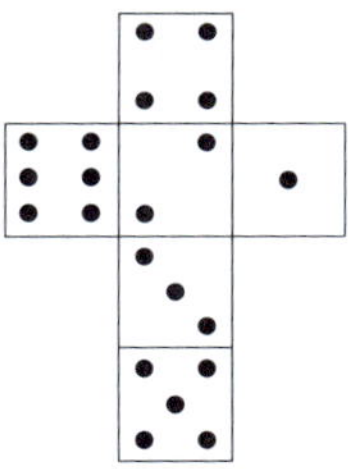

Das Würfelnetz richtig mit allen Flächen gezeichnet (11 mögliche Varianten, gegenüberliegende Flächen müssen immer 7 ergeben): 1 Punkt;
die Würfelaugen richtig eingezeichnet: 1 Punkt;
Würfelnetz sauber ausgeschnitten: 1 Punkt;
Würfelnetz ordentlich aufgeklebt: 1 Punkt.

8 a *Lösungsvorschlag:*

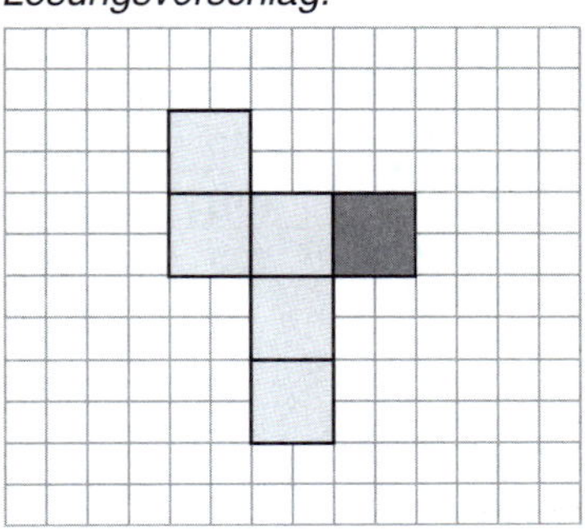

b *Lösungsvorschlag:*

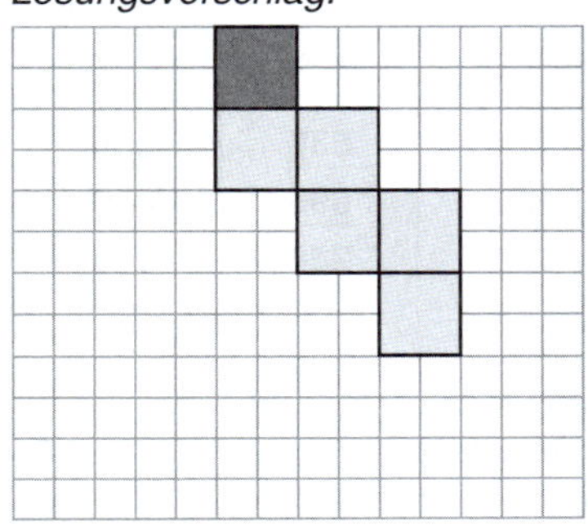

Würfelnetze richtig ergänzt: 2 Punkte; sauber mit Bleistift gezeichnet: 1 Punkt.

9 1. Weg: **D → A → B → F → G**
2. Weg: **D → A → E → F → G**

Lernzielkontrolle 5

1

→ **423**

→ **202**

2

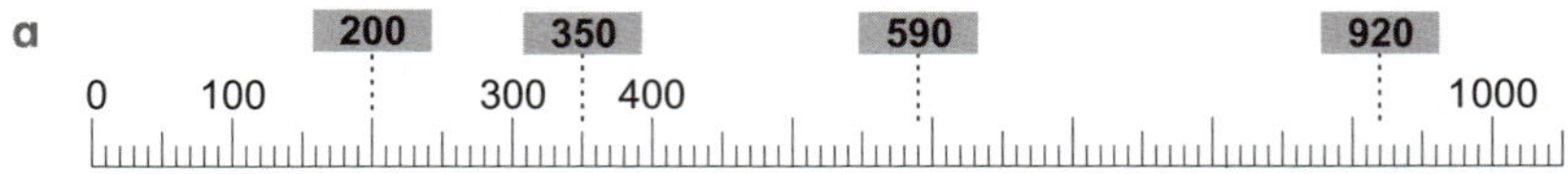

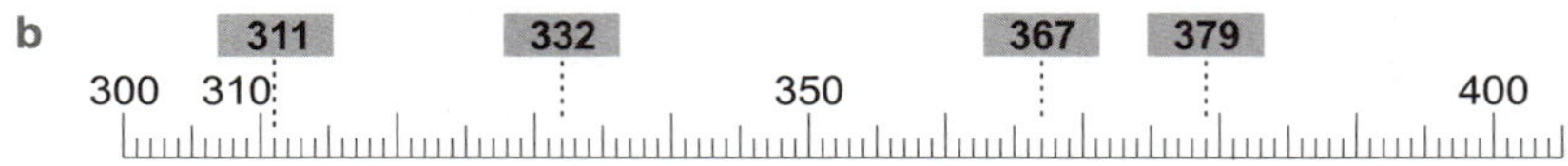

3

720	998	758	287	249	278	728	282

998 < 758 < 728 < 720 < 287 < 282 < 278 < 249

4

710	660	**610**	**560**	**510**	**460**	**410**	**360**
302	315	**328**	**341**	**354**	**367**	**380**	**393**
687	**700**	**713**	**726**	**739**	**752**	765	778

5

Nachbar-hunderter	Nachbar-zehner	Nachbar-einer	Zahl	Nachbar-einer	Nachbar-zehner	Nachbar-hunderter
500	**530**	**536**	537	**538**	**540**	**600**
800	**890**	**899**	900	**901**	**910**	**1000**
200	**280**	**288**	**289**	290	**290**	**300**

6

297 + 6 = **303 (6)**
370 + 320 = **690 (15)**
600 + 271 = **871 (16)**

405 – 8 = **397 (19)**
960 – 550 = **410 (5)**
700 – 588 = **112 (4)**

7

380 g + 620 g = 1 kg
250 g + 750 g = 1 kg
128 g + 872 g = 1 kg

925 g + 75 g = 1 kg
385 g + 615 g = 1 kg

175 g + 825 g = 1 kg
525 g + 475 g = 1 kg

8 a 3 438 g = **3 kg 438 g**
3 004 g = **3 kg 4 g**

b 1 kg 203 g = **1 203 g**
5 kg 10 g = **5 010 g**

9 Gewicht: **2 kg**
Preis: **3,80 €**

Gewicht: **500 g**
Preis: **5,20 €**

Gewicht: **1,5 kg**
Preis: **3,30 €**

10 a Frage: **Wie viel Euro bekommt Marie zurück?**

Rechnung: **3,70 € + 1,80 € + 1,90 € = 7,40 €**
10 € – 7,40 € = 2,60 €

Antwort: **Marie bekommt 2,60 € zurück.**

b Frage: **Darf Lukas alle Einkäufe in seinem Korb transportieren?**

Rechnung: **500 g + 250 g + 200 g + 1 000 g + 1 000 g = 2 950 g**

Antwort: **Ja, Lukas darf alle Einkäufe in seinem Korb transportieren, denn sie wiegen weniger als 3 kg.**

Lernzielkontrolle 6

1

$$\begin{array}{r} 3\,8\,2 \\ +\ 4_1 6\,5 \\ \hline \mathbf{8\,4\,7} \end{array} \qquad \begin{array}{r} 4\,0\,6 \\ +\ 2_1 9_1 6 \\ \hline \mathbf{7\,0\,2} \end{array} \qquad \begin{array}{r} 6\,3\,8 \\ +\ 2_1 8_1 7 \\ \hline \mathbf{9\,2\,5} \end{array} \qquad \begin{array}{r} 3\,8\,8 \\ +\ 4_1 9_1 7 \\ \hline \mathbf{8\,8\,5} \end{array}$$

2

$$\begin{array}{r} 5\,6\,7 \\ 2\,8\,8 \\ +\ {}_2 9_1 0 \\ \hline \mathbf{9\,4\,5} \end{array} \qquad \begin{array}{r} 6\,6\,7 \\ 1\,8\,3 \\ +\ {}_2 8_1 0 \\ \hline \mathbf{9\,3\,0} \end{array} \qquad \begin{array}{r} 2\,5\,6 \\ 2\,0\,6 \\ +\ 1_1 8_1 4 \\ \hline \mathbf{6\,4\,6} \end{array} \qquad \begin{array}{r} 3\,3\,5 \\ 2\,9\,8 \\ +\ 2_2 7_1 6 \\ \hline \mathbf{9\,0\,9} \end{array}$$

3

$$\begin{array}{r} \mathbf{4}\,6\,\mathbf{4} \\ +\ 3\,\mathbf{2}_1 9 \\ \hline 7\,9\,3 \end{array} \qquad \begin{array}{r} 2\,1\,\mathbf{8} \\ +\ \mathbf{1}_1 \mathbf{9}_1 5 \\ \hline 4\,1\,3 \end{array} \qquad \begin{array}{r} \mathbf{5}\,4\,9 \\ +\ 3\,\mathbf{0}_1 \mathbf{3} \\ \hline 8\,5\,2 \end{array}$$

4

822

446 | **376**

182 | 264 | 112

5

$$\begin{array}{r} 8\;3 \\ +\;6_1 2\;3 \\ \hline \mathbf{7\;0\;6} \end{array} \qquad \begin{array}{r} 2\;8\;5 \\ 7 \\ +\;{}_1 8_1 1 \\ \hline \mathbf{3\;7\;3} \end{array}$$

6

$$\begin{array}{r} 1\;9\;7 \\ 2\;1\;4 \\ +\;2_1 1_1 4 \\ \hline \mathbf{6\;2\;5} \end{array}$$

Antwort: **Die gesuchte Zahl heißt 625.**

7

Christina ist 1,27 m groß. Sie ist 34 cm größer als ihr Bruder Max.

Tatjana und ihre Puppe sind zusammen so groß wie Mama. Tatjana ist 1,28 m, die Puppe ist 44 cm groß.

Tina und ihre Schwester sind zusammen so groß wie ihr Vater. Tina ist 1,10 m und ihr Vater ist 1,87 m groß.

8

cm	m und cm	mit Komma
809 cm	**8 m 9 cm**	**8,09 m**
148 cm	**1 m 48 cm**	**1,48 m**
378 cm	3 m 78 cm	**3,78 m**
73 cm	**0 m 73 cm**	0,73 m

9

6 cm = **60** mm	7 cm = **70** mm	9 cm = **90** mm
15 cm = **150** mm	24 cm = **240** mm	40 cm = **400** mm

10

a Papa fährt zur Arbeit 23 **km**.
b Jens geht 800 **m** zur Schule.
c Tina ist 145 **cm** groß.
d Eine Fliege ist 17 **mm** lang.

11 a Rechnung: **81 km + 56 km = 137 km**
Antwort: Es sind **137** km.

b Rechnung: **118 km + 62 km + 86 km = 266 km**
Antwort: Es sind **266** km.

c

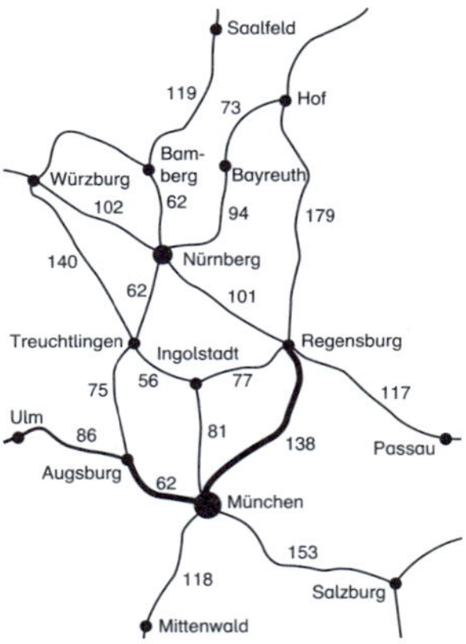

12 a Rechnung:

5 6 km	2 4 8 km
+ 1 4 0 km	+ $1_1 9_1 6$ km
1 9 6 km	4 4 4 km

Antwort: **Der Kilometerzähler zeigt in Würzburg 000444.**

b Rechnung:

1 0 2 km	2 8 0 km
1 0 1 km	+ $4_1 4$ 4 km
+ $7_1 7$ km	7 2 4 km
2 8 0 km	

Antwort: **Der Kilometerzähler zeigt in Ingolstadt 000724.**

13 Frage: **Wie viel müssen sie insgesamt bezahlen?**

Rechnung:

1 2, 6 0 €	2 5, 2 0 €
+ 1 2_1, 6 0 €	+ 2 3, 5 0 €
2 5, 2 0 €	4 8, 7 0 €

Antwort: **Sie müssen insgesamt 48,70 € bezahlen.**

Lernzielkontrolle 7

1

789 − 426 = **363**

982 − 614 = **368**

734 − 482 = **252**

826 − 467 = **359**

2

651 − 167 = **484**

608 − 459 = **149**

901 − 405 = **496**

913 − 36 = **877**

3

64**8** − 4**1**3 = 235

75**4** − **12**7 = 627

825 − 2**83** = 542

8**0**6 − **3**2**6** = 480

415 − 19**6** = 219

4

85,44 € − 32,46 € = **52,98 €**

123,24 € − 5,87 € = **117,37 €**

5

Lösungsvorschlag:

873 − 642 = 231   **738 − 462 = 276**   **674 − 382 = 292**

6

Frage: **Wie viel Geld bleibt ihm übrig?**

Rechnung: **4,00 € – 2,28 € = 1,72 €**

Antwort: **Ihm bleiben 1,72 € übrig.**

7

a

Freizeitbesch.	Lesen	Sport	Fernsehen	Computer	Spielen im Freien
Schüleranzahl	**70**	**140**	**40**	**35**	**60**

b

Aussage	**richtig**	**falsch**
Es gibt mehr Schüler, die lesen, als Schüler, die fernsehen.	✗	
Es gibt weniger Kinder, die sich in ihrer Freizeit bewegen (Sport und Spielen), als Kinder, die lesen, fernsehen oder Computer spielen.		✗

Die Zahl der Schüler, die Computer spielen, ist genau halb so groß wie die Zahl der Schüler, die lesen.	☒	☐
Weniger als die Hälfte aller Schüler gibt Sport als Freizeitbeschäftigung an.	☒	☐

c

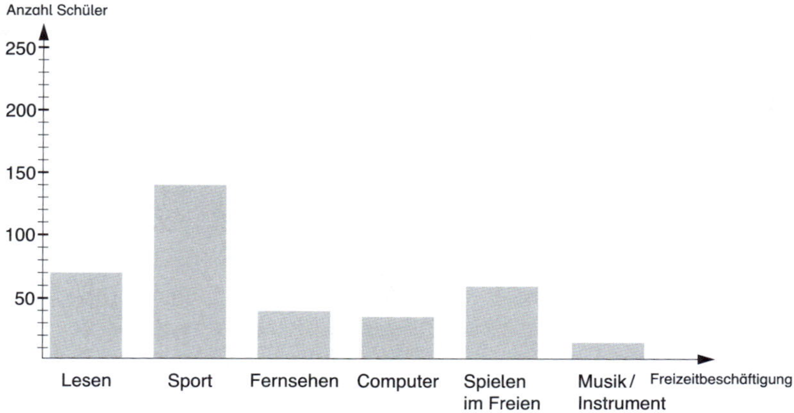

Balken richtig eingezeichnet: 1 Punkt;
ordentlich mit Bleistift und Lineal gearbeitet: 1 Punkt.

Lernzielkontrolle 8

1 Eine Figur ist symmetrisch, wenn sie eine **Symmetrieachse** besitzt, die sie in **zwei deckungsgleiche Hälften** teilt.

2

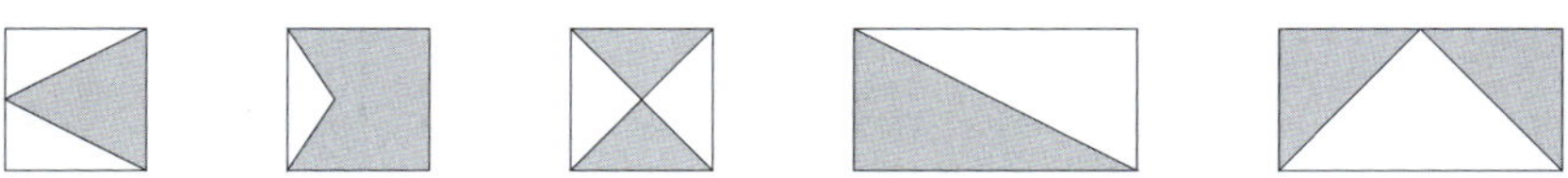

☐ ☐ ☐ ☒ ☐

3

4

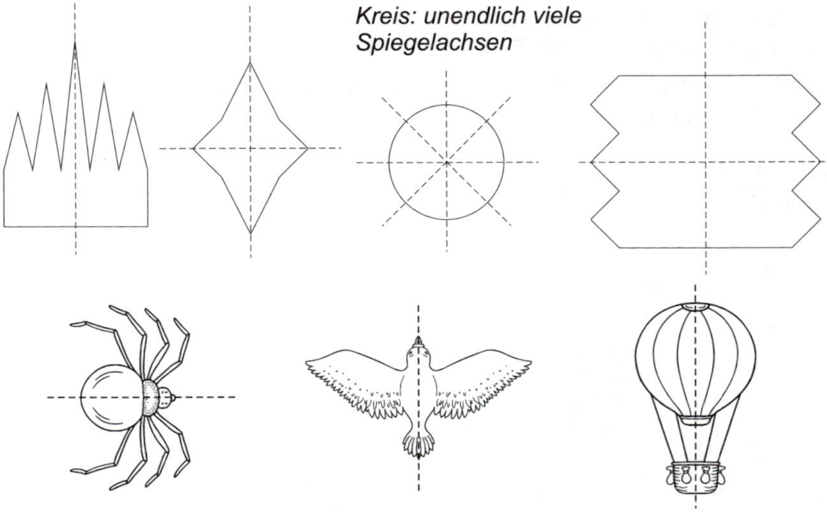

5

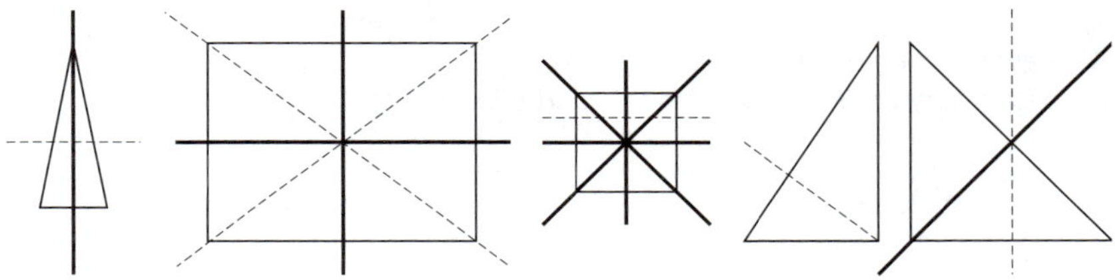

6 a

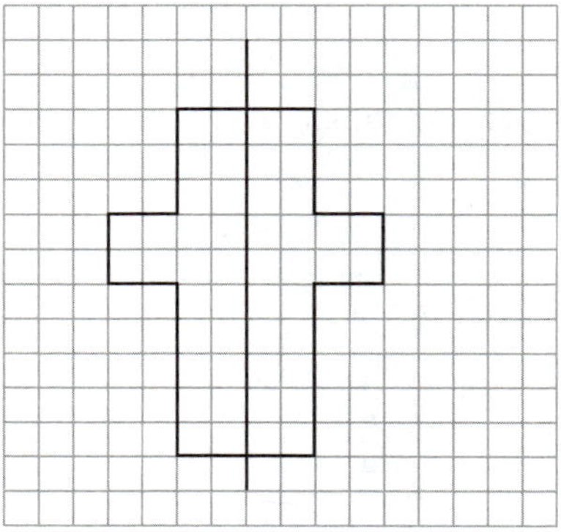

b

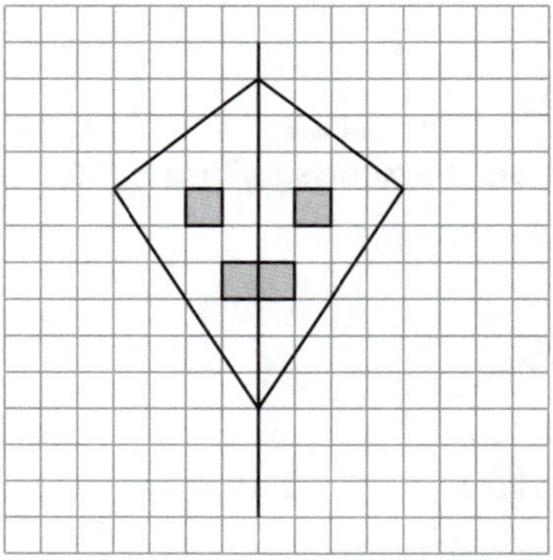

c

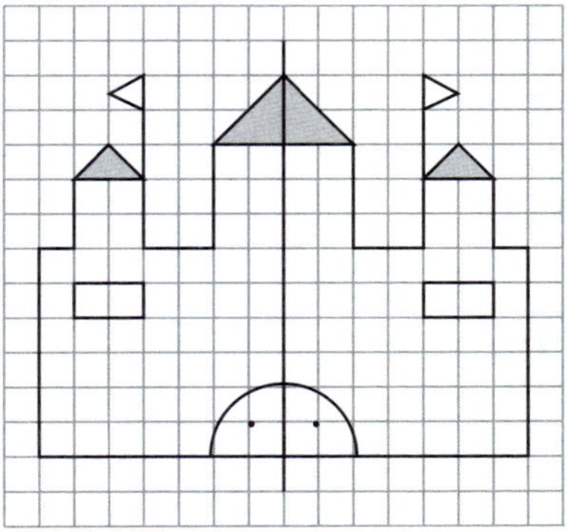

d

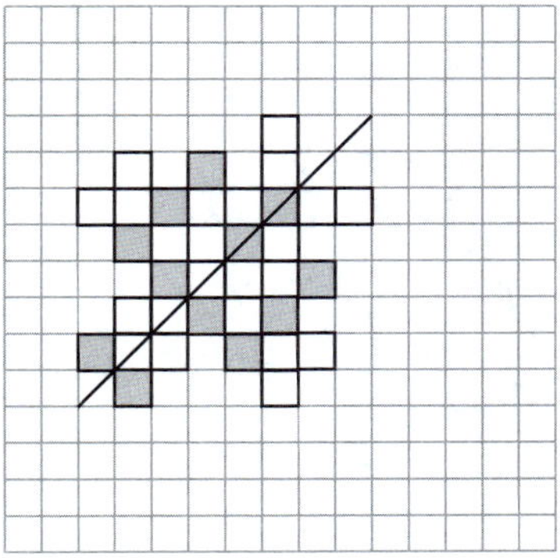

7 a

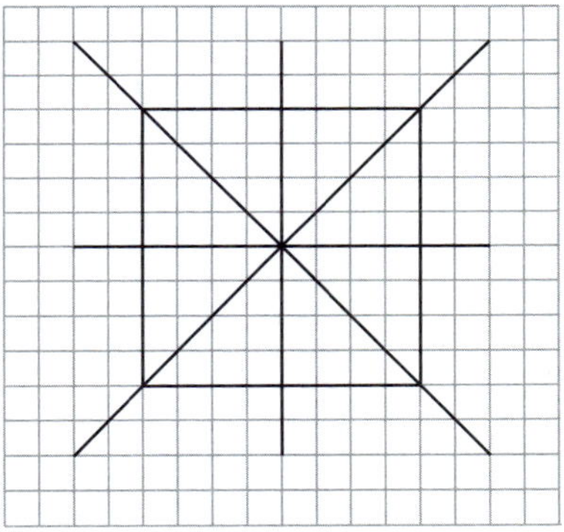

b

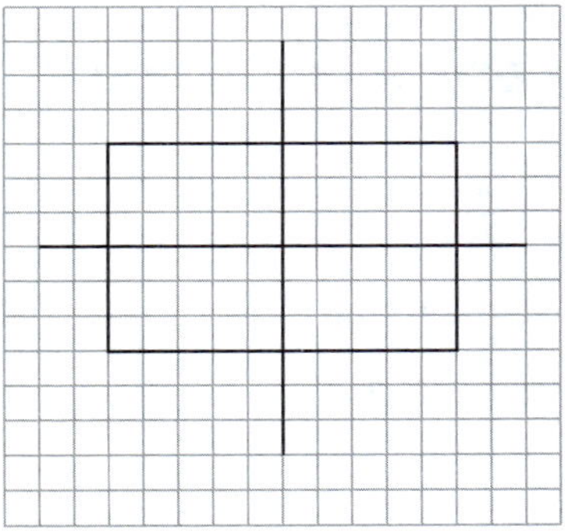

c *Lösungsvorschlag:*

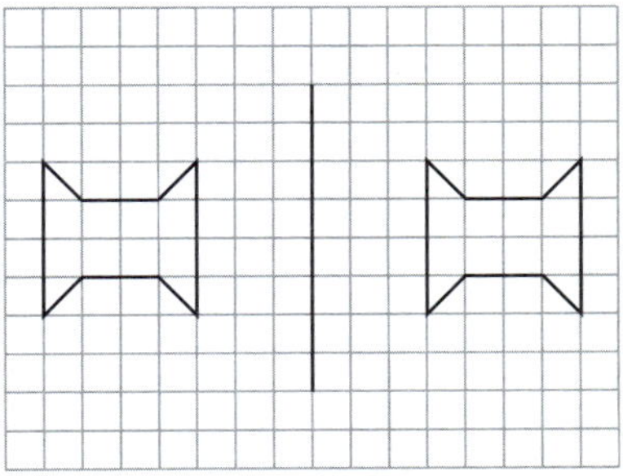

8

Lernzielkontrolle 9

1

·	90	40
5	**450**	**200**
6	**540**	**240**

·	8	6
70	**560**	**420**
30	**240**	**180**

2

360 = **9** · 40
480 = 80 · **6**
3 · **90** = 270

280 : 40 = **7**
360 : **6** = 60
420 : 7 = **60**

630 : 70 = 9
480 : 8 = 60

3

6 · 50 – 40 = **260**
300 – 40 = 260

7 · 40 – 88 = **192**
280 – 88 = 192

Lösungsvorschlag:
370 = **7** · 50 + **20**
7 · 50 = 350
350 + 20 = 370

400 = **5** · 70 + **50**
5 · 70 = 350
350 + 50 = 400

4

Stück	Preis
4	**1,60 €**
7	**2,80 €**
6	2,40 €
8	3,20 €

5

8	**40 Ct**	**?**

Rechnung: **8 · 40 Ct = 320 Ct** **320 Ct = 3,20 €**

Antwort: **Sie muss 3,20 € bezahlen.**

6 Frage: **Wie viele Kilogramm Karotten kauft Ursula?**

?	**70 Ct**	**2,10 €**

Rechnung: **2,10 € = 210 Ct** **210 : 70 = 3**

Antwort: **Ursula kauft 3 Kilogramm Karotten.**

7 Frage: **Wie viel kosten die Lebensmittel zusammen und wie viel Geld bekommt er zurück?**

Rechnung: **14,90 € + 0,79 € + 3 · 0,60 € + 2 · 1,49 € + 3 · 0,90 € = 23,17 €**
50,00 € – 23,17 € = 26,83 €

Antwort: **Er bezahlt 23,17 € und bekommt 26,83 € zurück.**

8 Rechnung: **160 : 2 = 80** **80 · 4 € = 320 €** **880 € – 320 € = 560 €**
560 € : 80 = 7 €

Antwort: **Die Erwachsenenkarte kostet 7 €.**

Lernzielkontrolle 10

1

75 s = **1** min **15** s	3 min = **180** s	75 min = **1** h **15** min
87 s = **1** min **27** s	1 min 40 s = **100** s	$\frac{1}{2}$ h = **30** min
215 s = **3** min **35** s	2 min 10 s = **130** s	1 h 9 min = **69** min

2

57 s **<** 60 s	10 s **<** 1 min	60 s **=** 1 min	2 min 55 s **>** 2 min 39 s
70 s **>** 1 min	100 s **>** 1 min	1 min **<** 61 s	5 min **<** 5 min 15 s

3

54 s + **6** s = 1 min	28 s + **32** s = 1 min
9 s + **51** s = 1 min	36 s + **24** s = 1 min

4 a 7.30 Uhr 9.05 Uhr

95 min →

Es sind 95 Minuten vergangen.

b 11.15 Uhr 15.03 Uhr

228 min →

Es sind 228 Minuten vergangen.

5

11.45 Uhr **1 h** → **12.45** Uhr **35** min → 13.20 Uhr

Antwort: **Frau Schmidt ist eine Stunde und 35 Minuten mit dem Flugzeug unterwegs.**

6 Frage: **Um wie viel Uhr hat sich Tom vor den Computer gesetzt?**

Rechnung: **17 min + 12 min = 29 min** **13.46 Uhr** ← **29 min** **14.15 Uhr**

Antwort: **Tom hat sich um 13.46 Uhr vor den Computer gesetzt.**

7

rT – J – T	**rT – J – S**	**rT – R –T**	**rT – R – S**
gT – J – T	**gT – J – S**	**gT – R – T**	**gT – R – S**

Julia hat **8 Möglichkeiten**, sich anzuziehen.

8 a **311 / 312 / 313 / 321 / 322 / 323 / 331 / 332 / 333**

Die Räuber müssen maximal **9** Möglichkeiten ausprobieren.

b **311 / 313 / 331 / 333**

Dann gibt es **4** Möglichkeiten.

9 a

Augensumme 6 (Max):	**51 / 15 / 42 / 24 / 33**	**5 Möglichkeiten**
Augensumme 10 (Tim):	**64 / 46 / 55**	**3 Möglichkeiten**

b **Wahrscheinlich wird Max die Wette gewinnen, weil die Augensumme 6 mit 5 Möglichkeiten eher gewürfelt werden kann.**